U0229634

植物有故事，植物不简单

热带植物有故事

海南篇

水果·香料饮料·珍稀林木·花卉·南药·棕榈

崔鹏伟 张以山等/主编

首批全国优秀出版社

中国农业出版社
农村读物出版社

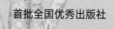

图书在版编目（CIP）数据

热带植物有故事.海南篇.珍稀林木/崔鹏伟，张
以山主编.— 北京：中国农业出版社，2022.8
ISBN 978-7-109-30576-2

Ⅰ.①热… Ⅱ.①崔… ②张… Ⅲ.①热带植物－海
南－普及读物 Ⅳ.①Q948.3-49

中国国家版本馆CIP数据核字（2023）第057298号

热带植物有故事·海南篇　珍稀林木
REDAI ZHIWU YOU GUSHI·HAINAN PIAN　ZHENXI LINMU

中国农业出版社出版

地址：北京市朝阳区麦子店街18号楼
邮编：100125
特邀策划：董定超
策划编辑：黄　曦　　　责任编辑：黄　曦
版式设计：水长流文化　　责任校对：吴丽婷
印刷：北京中科印刷有限公司
版次：2022年8月第1版
印次：2022年8月北京第1次印刷
发行：新华书店北京发行所
开本：710mm×1000mm　1/16
总印张：28
总字数：530千字
总定价：188.00元

编委会

主　　编：崔鹏伟　张以山

副 主 编：王清隆　朱安红

参编人员：王祝年　秦晓威　余树华　于福来　陈振夏
　　　　　汤　欢　袁浪兴　官玲亮　陈晓鹭　邓文明
　　　　　朱　宝　赵云卿

海南植物有故事

　　我国是世界上植物资源最为丰富的国家之一，约有 30 000 种植物，占世界植物资源总数的 10%，仅次于世界植物资源最丰富的马来西亚和第二位的巴西，居世界第三位，其中裸子植物 250 种，是世界上裸子植物种类最多的国家。

　　海南植物种类资源丰富，已发现的植物种类有 4 300 多种，占全国植物种类的 15% 左右，有近 600 种为海南特有。花卉植物 859 种，其中野生种 406 种，栽培种 453 种，占全国花卉植物种类的 10.8%；果树植物 300 多种（包括变种、品种和变型），占全国果树植物种类的 8.5%；《海南岛香料植物名录》记载香料植物 329 种，占全国香料植物种类的 25.3%；药用植物 2 500 多种（有抗癌作用的植物 137 种），占全国药用植物种类的 30% 左右；棕榈植物 68 种，占全国棕榈植物种类的 76.4%。

　　在众多植物资源中，许多栽培历史悠久的经济作物，生产的产品包括根、茎、叶、花、果等，不仅具有较高的营养价值和药用价值，还具有很高的观赏、生态和文化价值。古籍典故和不少诗词中，都有关于植物的记载。

　　中国热带农业科学院为农业农村部直属科研单位，长期致力于热带农业科学研究，在天然橡胶、热带果树、热带花卉、香料饮料、南药、棕榈等种质资源收集、创新利用中取得了显著的科研成果，对发展热带农业发挥了坚实的科技支撑作用。为保障我国战略物资供应和重要农产品有效供给、繁荣热区经济、保障热区边疆稳定、提高农民生活水平，做出了卓越贡献。

　　为更好地宣传普及热带植物的知识，中国热带农业科学院组织专家编写了《热带植物有故事·海南篇》（花卉、水果、南药、香料饮料、棕榈、珍稀林木）。

本套书共六分册，收集了热带地区具有故事性的热带植物品种近两百种，每个品种分植物的基本概况、与植物相关的文化故事两个主题进行编写，以植物品种介绍为基础，图文并茂，并附赠科普小视频，能够让广大读者更直观地认识各种热带植物，了解更多的与植物相关的文化故事，是一套颇具知识性、趣味性的热带植物科普读物，具有较高的学习价值和参考价值。

刘旭

2022 年 8 月

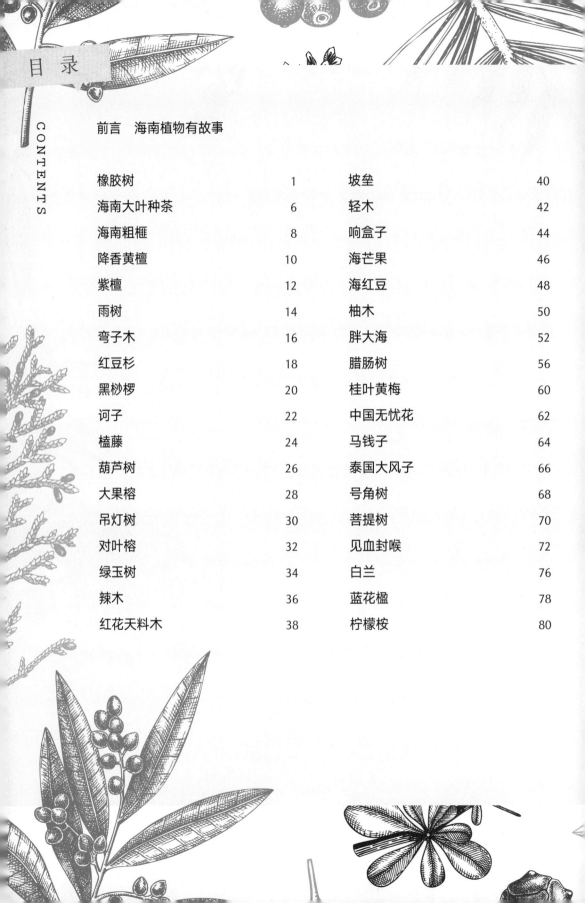

目 录

CONTENTS

前言　海南植物有故事

橡胶树

Hevea brasiliensis (Willd. ex A. Juss.) Müll. Arg.

扫描二维码
了解更多

一 植物档案

橡胶树是大戟科橡胶树属植物，大乔木，高可达 30 米，有丰富乳汁。原产巴西，在中国海南、云南、广西、广东、福建等地均有栽培。花序腋生，圆锥状，种子椭圆状。橡胶树属阳性植物，性喜高温、湿润、向阳之地，生长适宜温度 23 ~ 32℃，日照 70% ~ 100%。经济寿命高达 30 ~ 40 年，所分泌的胶乳是重要的工业原料，世界上使用的天然橡胶，绝大部分由橡胶树生产。

二　植物有故事

　　橡胶树是原产于南美洲亚马孙流域的热带植物，主要分布于南北纬 10°内。
20 世纪中期，世界上有一个基本论断，就是北纬 15°以北不适合种植橡胶，北纬
17°以北更被称作"植胶禁区"。而我国最南边的省份海南省则位于北纬 18°至
北纬 20°的区域内。中国热带农业科学院科学家联合农垦等部门共同成功完成了

"橡胶树在北纬 18°～24°大面积种植技术"等重大课题研究，加速了天然橡胶研究及技术推广，解决了抗寒品种配置和防台风等栽培技术难题，成功地在南起海南最南端北至福建龙溪一带大面积种植天然橡胶树，创造了在北纬 18°以北大规模种植天然橡胶的奇迹。为我国社会主义事业做出了重大贡献，也为世界天然橡胶种植史书写了辉煌的篇章。

Hevea brasiliensis (Willd. ex A. Juss.) Müll. Arg. 橡胶树 **3**

割胶

橡胶制品

◈ 橡木木材 ◈

◈ 家具 ◈

◈ 工艺品 ◈

海南大叶种茶

Camellia sinensis (L.) Kuntze var. assamica (J. W. Mast.) Kitam. 'Hainan—dayezhong'

扫描二维码
了解更多

一 植物档案

　　海南大叶种茶为山茶科山茶属植物，是海南茶区主要栽培品种之一，广东等省有少量引种。1985年全国农作物品种审定委员会认定其为国家品种，编号GS13016—1985。植株高大，分枝部位高，分枝较稀，叶片稍上斜状着生；叶片大，呈长椭圆或椭圆形、卵圆形，叶色黄绿；芽叶较肥壮，黄绿色，茸毛少。春茶产量较高，每亩①可达170千克。主要用于制作红茶，滋味浓烈，唯外形色泽欠乌润。宜选择优良类型采用扦插法繁殖，按大叶品种茶园规格种植和管理。

①亩为非法定计量单位，1亩≈667平方米。——编者注

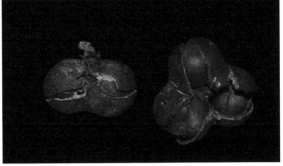

二 植物有故事

　　海南大叶种茶是海南的野生茶树种类，属于稀有濒危茶树种，海南大叶种茶在海南茶史上曾是绝对的主角。传说唐天宝七年（公元748年）6月，鉴真师徒和日本僧人荣睿、普照及水手一行人第五次渡海时遇飓风，飘至振州宁远河口一带登岸。因水土不服，不少人出现腹泻呕吐、贫血疲乏的症状，这时幸有一名来自五指山的黎医采来水满乡的野生茶树叶，送给鉴真师徒一行煮水服用。几天后，师徒体力恢复，精气神大振，不禁齐呼："真可谓水满神叶也。"在明代，百姓将茶叶与茱萸、芎、八角和茉莉花等一起烹煮饮用。明代正德六年（公元1511年）成书的《琼台志》中，记载了"芽茶"和"叶茶"作为"土贡"被征调京城，摊派的州县几乎涵盖全岛史。在清末宣统年间的《定安县志》中记录了当时以产地命名的4种海南野生大叶种茶——南闾岭茶、思河岭茶、水满峒茶和龟岭茶，其中南闾岭茶味清甘，有"甜茶"之名，"味匹武夷，甚堪辟瘴"，思河岭茶味甜胜过南闾岭茶，水满峒茶"气味香美，冠诸黎山，久已有名"。1933年问世的《海南岛志》也提到："本岛所产茶叶……其中最有名之茶，为五指山水满峒所产，树大盈抱，所制茶叶气味尚清。"从这寥寥数语里可以看出，海南野生大叶种茶叶以水满峒（今五指山市水满乡）茶的品质最佳。

海南粗榧
Cephalotaxus hainanensis Li

扫描二维码
了解更多

一 植物档案

　　海南粗榧别称红壳松、薄叶篦子杉、薄叶三尖杉，为红豆杉科三尖杉属乔木。叶条形，排成两列，生长极缓慢。原产于我国海南、广东、广西、云南、西藏等地。枝、叶、种子可提取多种植物碱，对治疗白血病及淋巴肉瘤等有一定疗效，是国内含有抑瘤生物碱种类最多和含量最高的树种，其提炼制成的药物对各类肿瘤、白血病和急性淋巴癌有特殊疗效。海南粗榧是世界上著名的抗癌药用植物。此外，其木材结构细密，切面光滑，材色清淡柔和，为建筑、家具、装饰等的上等用材。

二 植物有故事

　　海南粗榧已被列入中国植物红皮树种，为国家二级保护植物，在海南主要分布于尖峰岭、霸王岭、鹦哥岭、吊罗山等自然保护区中。海南的海南粗榧，株数和蓄积量均约占全国总量的90%，资源占绝对优势。但由于树种自身原因和人为破坏与干扰，该树种目前濒临灭绝。

　　海南粗榧常散生于海拔 700～1 200 米山地雨林或季雨林的沟谷或溪涧密林中，分布区气候特点为云雾多。在这种生长环境下，海南粗榧得以吸取天地精华，成为大自然赠予人类珍贵的特效奇药。

降香黄檀

Dalbergia odorifera T. C. Chen

扫描二维码
了解更多

一 植物档案

　　降香黄檀别称降香、花梨木、花梨母、降香檀，为豆科黄檀属半落叶乔木。高 10 ~ 15 米，胸径可达 80 厘米，树冠广伞形，树皮浅灰黄色，略粗糙。生长轮明显，心材大，棕褐色，边材淡棕色。原产于我国海南，为我国二级重点保护植物。降香黄檀的心材最具价值，是制作高级红木家具、乐器，以及用于雕刻、镶嵌、制作工艺品、美工装饰的上等材料。根部心材与树干心材可供药用，为良好的镇痛剂。其木材经蒸馏后所得的降香油，可作香料上的定香剂。在海南、广东、广西等地，常作为绿化树栽种。

二 植物有故事

　　降香黄檀心材作为珍贵木材，在历史上一直是向朝廷进贡的物品。"黄花梨"一词的使用可以追溯至清朝。《钦定八旗通志》载，康熙三十八年（公元 1699 年），因采伐黄花梨还爆发过一场战争。据《清德宗景皇帝实录》记载，光绪二十三年（公元 1897 年）6 月，光绪皇帝御批："菩陀峪万年吉地，大殿木植，除上下檐斗科仍照原估，谨用南柏木外，其余拟改用黄花梨木，以归一律。"

紫檀
Pterocarpus indicus willd.

扫描二维码
了解更多

一 植物档案

紫檀别称印度紫檀、羽叶檀、青龙木，为豆科紫檀属高大乔木。产于我国云南，印度、菲律宾、缅甸等国也有分布。高 20 ～ 25 米，树干通直。花期较短，因此素有"一日花"之称。紫檀摇曳多姿，花团锦簇，其花形神似蝴蝶展翅，色橙黄，散发阵阵幽香。成材后，木香更甚，历久不散，闻之可静心调性，改善睡眠。

二 植物有故事

在古人眼中，紫色是高贵、权力的象征。古代王公贵族多穿紫色服装，代表尊贵。主要因紫色染料制作十分复杂，技术要求较高，实为难得。物以稀为贵，古人就将紫色视为了最尊贵的颜色。紫檀因与生俱来的紫色元素，被赋予了某种神圣的气质与身份。

Pterocarpus indicus willd.　紫檀　**13**

雨树

Samanea saman (Jacq.) Merr.

扫描二维码
了解更多

一 植物档案

　　雨树别称雨豆树，豆科雨树属大乔木。其树冠极广展，高 10 ～ 25 米，分枝甚低；总叶柄长 15 ～ 40 厘米；花期 8—9 月，花为玫瑰红色；果瓣厚，绿色，肉质，成熟时变成近木质，黑色；种子约 25 颗，埋于果瓤中。原产于热带美洲，广植于全世界热带地区；我国云南、广东、福建、海南有引种栽培。性喜光、耐旱、耐瘠薄。雨树生长迅速，枝叶繁茂，可作为庭园绿化树种。其果味甜多汁，牛喜食之；在南美及西印度群岛常植作收场荫蔽树和饲料树。幼树木材松软，老树材质坚硬，可做车轮。

二 植物有故事

　　雨树是一种有意思的植物，顾名思义，它是一种会下雨的树。在夜晚或阴湿天气，雨树的叶子就会闭合，像含羞草一样下垂，其中蓄积着吸饱的水分。天晴，太阳出来，包裹在叶片里的雨水、露水纷纷落下来，如雨飘洒，水滴洒在路人身上，让人误以为是在下雨，抬头看天却发现晴空万里，因而其被叫作"雨树"。又因为每天下午五点钟左右树叶就要闭合，所以雨树也被叫作"五点钟树"。

弯子木
Cochlospermum religiosum (L.) Alston

扫描二维码
了解更多

一 植物档案

弯子木为红木科弯子木属落叶小乔木。树体高大，可达 10 米，树皮红褐色或绿色，极光滑。叶掌状深裂；圆锥花序顶生，鲜黄色的花冠形状似金花茶；覆瓦状排列，被微茸毛；雄蕊多数，花丝黄色。原产于印度、缅甸等，东南亚及我国的云南、海南等地有引种种植。弯子木生长粗放，树形美观，花色艳丽，适合作行道树列植、草坪丛植或散植，以及庭园绿化美化。达到开花年龄的植株每年初春大量开花，具有极高的观赏价值，5 月份果实开始成熟，果实内的绵毛可以用作填充材料等，具有良好的经济用途。

二 植物有故事

弯子木的花和果都很奇特，似"茶花"而非"茶花"，似"棉花"而非"棉花"，确实与众不同。开花时新叶未出，盛花时期成片的弯子木就像黄色的花海一样，其花大且颜色明亮鲜艳，显得高贵、浪漫。果实为蒴果，梨形或长圆锥形，顶端凹陷，由绿色渐转为深褐色，像棉铃高挂枝头，成熟后裂成五瓣就可见到有丝绸般光泽的白色花絮和许多细小的弯形种子，因而有弯子木之名。

Cochlospermum religiosum (L.) Alston 弯子木 **17**

红豆杉

Taxus wallichiana Zucc. var. *chinensis*
(Pilger) Florin

扫描二维码
了解更多

一 植物档案

红豆杉为红豆杉科红豆杉属乔木。高达 30 米，胸径 60 ～ 100 厘米；叶条形，微弯或较直，长 1 ～ 3 厘米，宽 2 ～ 4 毫米。种子常呈卵圆形，上部渐窄，稀倒卵状，长 5 ～ 7 毫米，径 3.5 ～ 5 毫米，微扁或圆。产于我国四川、云南、广西等地。提取物紫杉醇利尿，在治疗痛经、高血压、高血糖、白血病、肿瘤、糖尿病及心脑血管病方面效果显著，红豆杉还有食用、美容保健及净化空气和观赏价值。

二 植物有故事

红豆杉自古以来代表的是思念、相思之情。相传，世上原来是没有红豆杉的，是一只名叫"爱"的小鸟用它有魔力的泪水浇灌出来的。"爱"因痛失女儿而怀着悲伤之情种下一粒种子并细心呵护，这株植物后来为报恩而努力成长，以至于"爱"死去后，红豆杉依旧告知它的后代要世世代代报恩。红豆杉也一直在等待它的"恩人"。所以人们常说，在红豆杉树下静静聆听，会听到不一样的声音。

Taxus wallichiana Zucc. var. *chinensis* (Pilger) Florin 红豆杉 **19**

黑桫椤
Gymnosphaera podophylla (Hook.) Copel.

扫描二维码
了解更多

一 植物档案

　　黑桫椤别称柄叶树蕨、柄叶笔筒树、结脉黑桫椤，为桫椤科黑桫椤属植物。其为国家二级保护植物，植株高1～3米，树状主干高达数米，顶部生出几片大叶。叶柄红棕色；叶片大，长2～3米。产于我国海南、台湾、贵州、福建、广东、广西、云南等地，日本、越南也有分布。生长于海拔95～1 100米的林中、溪边灌丛。黑桫椤为古老的子遗种，对研究物种形成及植物地理有一定意义。其株形优美、别致，可供观赏。可药用，其根状茎具清热解毒、驱风湿等功效。

二 植物有故事

　　黑桫椤是一种十分古老的植物。有多古老呢？可追溯到恐龙生活的时期。在恐龙生活的时期，黑桫椤和现今的黑桫椤没有太大的差异，作为彼时地球上最繁盛的植物，桫椤与恐龙一样，同属爬行动物时代的两大标志，也是恐龙最主要的"粮食"之一，恐龙这般的"巨物"也曾在树阴下乘凉、嬉戏，咀嚼过叶片。时至今日，曾经作为地球霸主的恐龙早已灭绝，而曾与恐龙生活在同一时期的黑桫椤却存活至今。试想，我们居然可以看到恐龙曾看到的植物，是不是十分神奇！当我们看见黑桫椤时，或许会惊叹于这种高大蕨类植物的外形，但其古老的传奇却难以用肉眼看见，因为它藏在悠长的历史长河中。

诃子
Terminalia chebula Retz.

扫描二维码
了解更多

一 植物档案

诃子别称诃黎、随风子、诃黎勒，为使君子科榄仁树属大乔木。树高可达 30 米，树皮灰黑色至灰色，粗裂而厚；叶互生或近对生，叶片卵形或椭圆形至长椭圆形。诃子产于中国云南西部和西南部，海南、西藏、云南、广东、广西等地均有栽培，此外，越南、老挝、柬埔寨、泰国、缅甸、马来西亚、尼泊尔、印度等国也有分布。诃子常以其干燥成熟果实入药，于秋冬季果实成熟时采收，除去杂质，晒干。诃子是最常用的藏药之一。在藏药学经典著作《晶珠本草》里，诃子被称为"藏药之王"。藏药学认为，诃子能治疗很多种疾病。但使用诃子也要根据不同的疾病对症用药，可使用诃子的果尖、外层果肉、中层果肉、果尾、外皮等，并配合相应的药物。这样才能达到理想的疗效。在藏医使用的配方中，绝大多数都使用了诃子。《本经逢原》曰："诃子苦涩降敛。生用清金止嗽，煨熟固脾止泻。古方取苦以化痰涎，涩以固滑泄也。"诃子具有涩肠止泻、敛肺止咳、降火利咽之功效。

二 植物有故事

传说很久以前，有一个酒店老板的女儿叫益超玛。她不仅长得非常美丽，而且聪明善良，会酿造醇如甘露的米酒。她乐于帮助每一个遇到困难的人，因此得到药王菩萨的信任，赐给她一棵诃子树，并告诉她："这是天下最好的药物。它的树根、树干、树枝可以驱走肉、骨、皮肤的各种疾病；它的果实可以治疗内脏的疾病。有了它，所有的疾病都将消失，你一定要珍惜。"为了解除百姓病苦，益超玛决定将诃子树种在最适合药物生长的醉香山上。她精心培植，每年都将采集的树种送给四方往来的旅客，带到西藏各地去种植，并告诉他们使用诃子治病的方法。从此，诃子树就广泛出现在西藏高原，各地藏医也都学会了用诃子治病。

榼藤

Entada phaseoloides (Linn.) Merr.

扫描二维码
了解更多

一 植物档案

　　榼藤别称榼子藤、眼镜豆、过江龙，为豆科榼藤属木质大藤本。其穗状花序，成圆锥花序式。荚果大而长，木质或革质，扁平、弯曲，逐节脱落，每节内有1颗种子；种子大，扁圆形。产于我国海南、台湾、福建、西藏、广东、广西、云南等省（自治区），东半球热带地区广泛分布。榼藤生于山涧或山坡混交林中，攀缘于大乔木上。茎皮及种子均含皂素，可作肥皂的代用品；茎皮的浸液有催吐、下泻作用，有强烈的刺激性，误入眼中可引起结膜炎。种子含淀粉及油，种仁含油约17%，经处理后方可食。

二 植物有故事

    大家一般见到的花生、大豆等的荚果只不过几厘米长，但榼藤的荚果要比一般的荚果大几十倍，它的木质荚果可长达1米，弯曲而扁平，独特而壮观，颠覆了人们对正常豆荚的认知。其成熟后的干燥果实可置于室内长期保存，作为天然工艺品供观赏，是非常难得一见的珍品，深受人们喜爱。榼藤枝叶俱美，既可观果，也可观茎，其老藤近螺旋状，借助复叶上的卷须可以在丛林中蜿蜒爬行几十米到上百米，达到森林的顶端，像巨龙悬游在一棵棵树木之间，可谓是"神龙见首不见尾"，因此得名"过江龙"。

Entada phaseoloides (Linn.) Merr.　榼藤　**25**

葫芦树
Crescentia cujete L.

扫描二维码
了解更多

一 植物档案

葫芦树别称铁西瓜、铁木瓜、瓠瓜木,为紫葳科葫芦树属常绿小乔木,高5～18米,为典型的热带雨林"老茎生花"植物。葫芦树春夏开花,花单生于小枝或老茎上,花冠钟状,淡绿黄色,具褐色脉纹;浆果卵圆球形,长18～20厘米,粗9～13厘米,未熟时绿色。观果期长达半年,果实外观青绿光亮,果皮坚硬,果肉黏稠状,有异味,口感不良。原产于热带美洲,我国广东、福建、海南等地有栽培。葫芦树主要用于园林观赏。因外壳坚硬,成熟果实常被挖空用作水瓢,美国的夏威夷人常用于制作不同形状的工艺品。

葫芦树在热带地区是一种传统的药用植物,现代研究表明,葫芦树的种子、花及叶均含有生物碱、黄酮、皂苷、萜类等成分,被用来治疗多种疾病。

二 植物有故事

葫芦树之所以会被称为炸弹树、炮弹果,是因为葫芦树存在一则流传甚广的传言:"茂密的热带丛林里存在着一种葫芦树,成熟后随时会爆炸。威力巨大,炸开的果壳甚至能飞出20米远。靠近的小动物经常命丧当场。"该说法的出处已经难以考证,但神秘的葫芦树却和"谣言"一起广为人知。

虽然葫芦树不会爆炸,也不适合食用,但它的果实外壳却有一定价值。它的壳和葫芦的壳很像,但要薄一些,容易加工,可以做成各种器皿和工艺品。

Crescentia cujete L. 葫芦树   27

大果榕

Ficus auriculata Lour.

扫描二维码
了解更多

一 植物档案

　　大果榕别称馒头果、木瓜榕、大无花果，为桑科榕属乔木或小乔木。高4～10米，胸径10～15厘米。树皮灰褐色，粗糙，幼枝被柔毛，直径10～15毫米，红褐色，中空。叶互生，长15～55厘米，宽15～27厘米；叶柄长5～8厘米，粗壮。产于我国海南、广西、云南、贵州、四川等地，印度、越南、巴基斯坦等国也有分布。大果榕枝叶柔嫩，可作蔬菜，炒、煮或凉拌；还可当家畜饲料，适口性好。未成熟的深绿色花序托可喂猪；大果榕成熟果实的深红色果肉，可作水果食用，清香可口。

大果榕之所以叫大无花果，是说它真的不开花吗？其实不然，大果榕的雄花、雌花"隐藏"生长在榕果内，从外表看，看不到花，它是一种"隐头花序"。因此大果榕"看似不会开花，其实有花"。剖开榕果，很容易可以发现果腔内有无数的花朵，多达上万朵，这些微型花朵整齐排列在果腔的内壁上。大果榕是雌雄异株植物，雄株能结果（雄株产生的果实因有虫瘿或干燥而不可食用，变红后会脱落），但是不能产生种子。大果榕的花粉隐藏在果实的内部，因此这种植物的授粉方式很特别，它只有通过"榕小蜂"传粉进行有性繁殖，榕小蜂把雄株的花粉传到雌株的胚珠上，从而完成授粉；而榕小蜂也仅在其雄果内产卵才得以繁衍后代，两者是一种互惠共生的关系。一个繁殖周期内，雄株要比雌株早一点结果。

吊灯树
Kigelia africana (Lam.) Benth.

扫描二维码
了解更多

一 植物档案

吊灯树别称吊瓜树、腊肠树，为紫葳科吊灯树属乔木。树高可达 20 米。主干粗壮，树冠广圆形。奇数羽状复叶椭圆形。圆锥花序长而悬垂，长可达1 米。花冠橘黄色或褐红色，有特殊气味。果近圆柱形，坚实粗大，不开裂。花期 4—5 月，果期 9—10 月。吊灯树原产于热带非洲，我国广东、海南、福建、台湾、云南均有栽培。其木材纹理细致、耐腐，适于建筑、门窗、农具、家具等用。为优美的园林树种，供观赏，果肉可食，树皮入药可治皮肤病。

二 植物有故事

植物繁衍后代的方式各式各样，如弹射种子或产生"会飞"的种子进行扩散，利用可口的果实作为"奖赏"来引诱动物为其携带种子传播，甚至采用有钩刺的种子附在动物身上让动物为其服务等。当然，有些植物采取的策略在我们看来相对要保守一些，它们想办法不让动物碰自己的"宝宝"。吊灯树就是其中之一，它的果实一个个垂挂在树上，不易取得，坚硬的外皮和口感差的味道也让很多动物失去了兴趣，因而得以保全。

Kigelia africana (Lam.) Benth.　吊灯树

对叶榕

Ficus hispida L. f.

扫描二维码
了解更多

一 植物档案

　　对叶榕别称牛奶子，为桑科榕属灌木或小乔木。被糙毛，叶通常对生，全缘或有钝齿，果呈陀螺形，成熟时黄色。花果期 6—7 月。对叶榕产于我国海南、广东、广西、云南、贵州等地，尼泊尔、印度、泰国、越南、马来西亚至澳大利亚等国也有分布。对叶榕是中国云南少数民族常用药物，傣族用根、皮、叶、果实入药，具有清热解毒、利水退黄、补土健胃等功效；基诺族人用根、叶、果皮入药，治疗感冒、支气管炎、消化不良、痢疾、风湿性关节炎；瑶家人用根、树皮、果实、树液入药，树液对乳汁不足、产后无乳有一定疗效；壮家人用树皮入药，用于治疗痢疾。

二 植物有故事

对叶榕全株含有乳白色的汁液，摘掉叶片、果实或者将其枝干划伤，都会流出牛奶状的乳汁，并且乳汁有一定的黏性，所以又称为"牛奶树"。虽然对叶榕不能直接食用，但是它却是一种很好的药材，其果实、叶片、皮、根茎等都可入药。《岭南采药录》记载"治腋疮，捣其子及叶敷之"，说的就是对叶榕果实的药用功效。当然，我们要药用的话，一定要在专业人士的指导下使用，不能盲目乱用，以免发生意外。

绿玉树
Euphorbia tirucalli L.

扫描二维码
了解更多

一 植物档案

绿玉树别称光棍树、绿珊瑚、青珊瑚等，为大戟科大戟属灌木或小乔木。高2～6米，叶细小、互生，呈线形或退化为不明显的鳞片状，常早落以减少水分蒸发，故常呈无叶状态。枝干圆柱状绿色，分枝对生或轮生，可代替叶片进行光合作用。通常被称作花的部分其实是瓣状苞片，真正的花在苞片中间不明显。花黄白色；果实为蒴果，暗黑色。种子呈卵形，平滑。原产非洲东部，广泛栽培于热带和亚热带，我国南北方均有种植，北方种植于温室内。在少雨地区种植，其不仅可以绿化造林、保护土壤，而且还可用于石油生产。绿玉树具有一定的药用价值，主治孕妇产后乳汁不足，癣疮及关节肿；同时，也是防治白蚁的有效树种。

二 植物有故事

很久以前，在非洲干旱的土地上，由于常年少雨，很多树木都枯萎了，几乎每年都有因暴晒而死去的树木。

绿玉树在这种恶劣的环境下，顽强地坚持着。她知道，要想活下去，就必须想办法改变自己。于是，她首先把叶片变小甚至蜕去了自己的叶子，就像一位少女蜕去了满头秀发。因为蜕去了叶子，就可以减少自身水分的蒸发。可是新的问题出现了，没有叶子怎么进行光合作用呢？为解决这一问题，她冥思苦想……

热风摇动起她光秃的树枝，她从摇动的秃枝上得到了灵感，于是，她把秃枝变绿，让它代替叶子进行光合作用，制造养料。终于，她成功了。

独树一帜的绿玉树，没有逃过病毒和害虫的侵害。为了自卫，她又在自己的体内制造了有毒的乳汁，病毒和害虫尝到了乳汁的厉害，再也不敢靠近她了。

坚强而又适时地应变，让绿玉树从远古走到了今天，又使她从非洲走向了世界。人们送给了她很多美誉：绿珊瑚、龙骨树、神仙棒……

Euphorbia tirucalli L. 绿玉树　35

辣木
Moringa oleifera Lam.

扫描二维码
了解更多

一 植物档案

辣木别称鼓槌树，为辣木科辣木属落叶乔木。树高 10 ~ 12 米，树干直立。树枝延伸无一定规律，树形像一把伞，十分优美。辣木树叶外形为卵形、椭圆形或长圆形。花白色或奶黄色，花序广展。果荚细长，呈束状垂下，每荚含籽实 12 ~ 35 粒，褐色种子近球形。原产于印度和巴基斯坦，我国海南、广东、云南、福建等省有种植。辣木在热带和亚热带地区栽种作为观赏树，也具有一定的经济价值。根、叶和嫩果有时亦作食用，辣木叶是中国国家新资源食品；种子可榨油，含油30%左右，可用作高级钟表润滑油，且其对于气味有强度的吸收性和稳定性，故可用作定香剂。辣木还具有退热、消炎、排石、利尿、止痛、强心、净化血管、安定神经、提神、减肥瘦身、改善皮肤状况等功能。

二 植物有故事

辣木已在世上存活了五千多年，两千多年前就被记入古印度医药典籍。近年来，西方兴起一股辣木热，它神奇的营养和保健价值正越来越被人重视，美国诺贝尔医学奖获得者布鲁贝尔教授指出，辣木是人类迄今为止所发现的营养成分比较丰富的植物之一。被专家们称为"神奇之树""永生树""不可思议的树"等。据统计，辣木树所含的钙是牛奶的 4 倍；蛋白质是牛奶的 4 倍；钾是香蕉的 3 倍；铁是菠菜的 3 倍；维生素 C 是柑橘的 7 倍；维生素 A 是胡萝卜的 4 倍。

Moringa oleifera Lam. 辣木 **37**

红花天料木

Homalium ceylanicum (Gardn.) Benth.

扫描二维码
了解更多

一 植物档案

　　红花天料木别称母生、红花母生、斯里兰卡天料木，为杨柳科天料木属乔木。高可达 15 米，树皮灰色，总状花序腋生。原产于我国中南部和东南部，印度、老挝、缅甸、泰国、越南等国也有分布。木材红褐色，结构坚硬而具韧性，切面光滑，干燥时不翘不裂。抗虫耐腐，为著名木材，主要用于造船，制造车辆、家具以及应用于水工及细木工中。

二 植物有故事

　　红花天料木树是海南乡土树种之一，被砍后，它的根部会生出小树来，一代接一代，可连续采伐十代或更多，所以又叫母生树。母生树生长缓慢，要百年之久才能成材。成材的母生树是海南5种特类木材之一（另有坡垒、野荔枝、花梨木、紫荆）。母生木材多为红褐色，材质优良，抗虫耐腐，可与红木相媲美，可作枕木，为造船、建造桥梁等的优良材料。海南当地老百姓喜欢在门前屋后为每个儿女种下母生树，将来儿女嫁娶时，作为盖新房做家具的材料。

坡垒

Hopea hainanensis Merr. et Chun

扫描二维码
了解更多

一 植物档案

　　坡垒别称海南坡垒、石梓公、青皮，为龙脑香科坡垒属乔木。树高约 20 米，具白色芳香树脂，圆锥花序腋生或顶生，花偏生于花序分枝的一侧，果实卵圆形，6—7 月开花，11—12 月结果。产于我国海南，越南北部也有分布。坡垒为我国 I 级重点保护植物。材质特别坚重，结构致密，材色美观，切面具有油润光泽，特别耐水浸，耐日晒。淡黄色树脂可供药用和作油漆原料。

二 植物有故事

　　提起坡垒，喜欢花木盆景的朋友们可能不熟悉，然而对家具市场来说，坡垒可是大名鼎鼎，被称作"海南神木""木中钢铁"，从稀有方面来说，远超过人们熟知的紫檀、黄花梨等珍贵树种。由于早期人们对坡垒缺乏保护意识，人为砍伐较严重，使得坡垒野生资源濒临灭绝；前些年的红木炒作，又使得坡垒再次遭遇打击。从调查资料来看，坡垒属植物野生资源且极为稀缺，因此，在 1998 年其被列入《世界自然保护联盟濒危物种红色名录》，级别为极危（CR）；1999 年列入《国家重点保护野生植物名录》（第一批），级别 I 级；2013 年列入《中国生物多样性红色名录》，级别为极危。

Hopea hainanensis Merr. et Chun 坡垒　41

轻木

Ochroma lagopus Swartz

扫描二维码
了解更多

一 植物档案

　　轻木别称巴沙木、白塞木、百色木，为锦葵科轻木属常绿乔木。树皮灰色，光滑；叶片心状卵圆形；花单生近枝顶叶腋，花期3—4月；花梗长 8～10 厘米，粗约 5 毫米；蒴果圆柱形；种子多数，呈淡红色或咖啡色，疏被青色丝状绵毛。原产于美洲热带，我国台湾、海南、广东、福建、广西及云南等地有栽培。

　　轻木是世界上最轻的商品用材，由于溶重较小、材质均匀、易加工，可用作多种轻型结构物的重要材料，如在航空工业中常用作夹心板材料；由于木材变异小，收缩膨胀也小，体积稳定性较好，轻木可以做各种展览的模型或塑料贴面板等材料；由于导热系数较低，轻木是一种很好的绝热材料；此外，还可以做隔音设备、救生胸带、水上浮标等。据报道，轻木还可以做一些要求耐高温材料的特殊结构物。

二 植物有故事

　　轻木是至今人类发现的木质最轻的树，轻木的干重密度只有 0.12 克 / 立方厘米，大约是水密度（1 克 / 立方厘米）的 1/8，一个正常的成年人可以抬起约等于自身体积 8 倍的轻木甚至更多。轻木在南美洲及西印度群岛被当地人称作"巴尔沙木"。"巴尔沙"在西班牙语中的意思是"筏子"，用轻木做的筏子具有特别大的浮力，可载运更多的东西。据说，15 世纪西班牙军队在厄瓜多尔时，看到在流往萨摩岛的奔腾咆哮的河流中，有几个原住民姑娘乘着一种特殊木头扎成的木筏，冒着风浪漂流而下却没有沉没，令他们感到十分惊奇。后来军人们发现这种特殊木头特别轻，耐腐性好，当地人用它制造出深受当地人喜爱的各种各样的工艺品。西班牙军人见这种木材轻便好用，就把这种木材叫作轻木。

响盒子
Hura crepitans L.

扫描二维码
了解更多

一 植物档案

　　响盒子别称胡拉木、洋红、虎拉，为大戟科响盒子属乔木。原产于美洲，我国海南、广东、云南等有栽培。其枝叶繁茂，树形美观，病虫害少，常用于行道或庭园绿化，或孤植于空旷处，景观效果较好，但因其树干具硬刺及喷射种子伤人，不适用于大都市等人口稠密地区。响盒子树阴浓密，树冠宽广，树干及树枝具硬刺，也被用于作物田间的遮阴树或树篱。其树液和种子可作泻药，熟叶外用于脓肿、扭伤和撞伤；树皮在南美被用来治疗麻风病、风湿和头痛。花在西印度群岛被用来制作果酱；鲜果可用作鸡、鹦鹉等鸟类的食物。因其果实像一个圆形的盒子，摇起来可发出响声，可供赏玩。其果实成熟时，会自动爆炸，且响声很大，如放炸弹一样，同时将成熟的种子射出。其粗大树干和树枝具硬刺，因而又名"猴不爬"。

二 植物有故事

　　如果你打算爬响盒子，它那遍布枝干、密密麻麻的短刺肯定会让你望而生畏。因此，它也被称为树木界最不好惹的家伙。刺只是表面上看着吓人，并且这种"威吓"还是在明处，真正危险的是其南瓜状的果实——它成熟后随时会"爆炸"，发出枪一样的响声。这些"子弹"十分危险，不仅"爆炸"的威力足以伤人，它还带有剧毒。若误食一颗，你会剧烈腹痛、腹泻、呕吐、视力下降、心跳过速。随后会出现精神错乱、四肢抽搐等症，甚至可能致死。响盒子的黄色树汁与皮肤接触可引发炎症，入眼可致盲。

海芒果

Cerbera manghas L.

扫描二维码
了解更多

一 植物档案

　　海芒果别称黄金茄、海檬果、香军树，为夹竹桃科海芒果属常绿乔木。树皮灰褐色；枝条粗厚，具不明显皮孔，无毛；全株具丰富乳汁。因其果实看起来像小芒果，并且一般生长在海边而得名，其实跟漆树科的芒果没有亲缘关系。海芒果产于我国海南、广东、广西、台湾等地，南亚部分地区也有分布。生于海边或近海边较湿润的地方，是一种较好的防潮树种。海芒果全株含有白色有毒乳液，果实也有剧毒，而当中又以种子毒性为最强，仅两克就足以致命。海芒果之所以有剧毒，是其含有一种被称作"海芒果毒素"的剧毒物质，会阻断钙离子在心肌中的传输通道，在食用后的3～6小时内便会毒性发作，致人死亡。食用海芒果中毒时，民间用灌鲜羊血，饮椰子水解毒。树皮、叶、乳汁能制药剂，有催吐、下泻、堕胎效用，但用量需慎重。海芒果花多、美丽而芳香，叶深绿色，树冠美观，可作庭院、公园、道路等的绿化及观赏。

植物有故事

　　海芒果多生长在盐碱地和沼泽地中，如将它融入茶或者其他食物中，能使食物具有毒性且不易被察觉。当人们因这种树的这种"负面作用"而"控诉"这种树时，有谁想过，其实植物是无辜的。

海红豆

Adenanthera microsperma Teijsm. et Binn.

扫描二维码
了解更多

一 植物档案

　　海红豆别称红豆、孔雀豆、相思豆，为豆科海红豆属落叶乔木。在我国主要分布于海南、广东、广西、福建、云南、贵州等省（自治区）。海红豆雄劲挺拔的树形、晶莹如玉的花朵、鲜艳如血的种子和遒劲有力的根茎，赋予了人们美的感受，是重要的园林观赏树种。海红豆叶片像展开的孔雀尾巴，所以海红豆还有一个名字叫孔雀豆。海红豆的种子颜色鲜红，形状略像心形，于是成为表达爱意的信物。

二 植物有故事

　　唐代诗人王维脍炙人口的《相思》是这样写的："红豆生南国，春来发几枝。愿君多采撷，此物最相思。"诗中描绘的正是青年男女以红豆作为定情之物相赠的美好情景。其中提及的"红豆"，即为海红豆的种子，海红豆也因此被赋予了纯真爱情的寓意。

　　关于红豆和爱情的故事，还有一个凄美的民间传说。有位男子去驻守边关，他的妻子在一棵树下日夜守望，希望他平安归来。多年过去，她忧思的泪水淌干了，就流出了血滴。血滴化为红豆，红豆生根发芽，长成大树，结满了一树状如红心的相思豆。

柚木
Tectona grandis L. f.

扫描二维码
了解更多

一 植物档案

柚木别称脂树、紫柚木、胭脂树，为唇形科柚木属大乔木。树高达40～50米，胸径可达2～2.5米。产于印度、缅甸、马来西亚、印度尼西亚，我国海南、云南、广东等地均有种植。柚木是热带树种，要求较高的温度。柚木号称是缅甸的国宝，价格相当昂贵，属于全球认知程度较高的名贵木材。这种木材具有优美的墨线，斑斓的油影，细致优美的纹理；并且木质坚硬耐用，质感极佳，有很好的抗风化性，高耐腐性；收缩率小，不易漏水，是所有木材中膨胀收缩率最小的；天然的柚质芳香，在净化空气的同时，还能舒缓紧张情绪，利于休息和睡眠。被誉为"万木之王"，欧洲还有句老话："老柚木，贵如金。"在喜欢欧洲古典家具的人心中，老柚木的价值，就像黄花梨、紫檀木等在中式家具中的翘楚地位。

二 植物有故事

从 7 世纪左右开始,柚木就被用来装饰富人和权贵的住所。明朝永乐十八年(公元 1420年),明成祖朱棣正式将国都从南京迁往了北京。相传在北京的宫殿与皇城尚在修建之时,朱棣就十分中意柚木材质,并下令在皇宫建设与打造家具的时候,大量使用柚木原料。郑和下西洋时就已经了解柚木船在航海中的优良特性,船队中大帆船的体量达到了 175 米长、65米宽,就是使用缅甸柚木建造的。而威震欧洲的法兰西第一帝国的皇帝拿破仑一世对柚木也是十分钟情,其餐桌、卧榻等家具多由柚木打造。

胖大海

Scaphium wallichii Schott et Endl.

扫描二维码
了解更多

一 植物档案

　　胖大海别称大海榄、大海子、大洞果等，为锦葵科胖大海属植物，落叶乔木。产于越南、印度、马来西亚、泰国和印度尼西亚等国，适宜在热带地区种植。胖大海种子椭圆形，似橄榄，表面皱纹粗而色淡。胖大海以水泡之，会层层胀大而发胖，故有胖大海之名。《中华人民共和国药典》记载，胖大海具有清热润肺、利咽、清肠通便之功效。现代药理研究表明，胖大海具有抗炎、通便、镇痛、抑菌、免疫调节等作用，对治疗慢性咽炎具有良好的临床疗效，有着很好的市场前景，关于胖大海的开发与应用也很广泛。

Scaphium wallichii Schott et Endl. 胖大海　　53

二 植物有故事

在古代，有个叫朋大海的青年，跟着叔父经常乘船从海上到安南（今越南）大洞山采药。大洞山上有一种神奇的青果能治喉病，这种青果给患喉病的病人带来了福音。有一次村里的穷人又有人得了喉病，但是朋大海的叔父也病了，不能出海了，大海一心想着病人的痛苦，决定自己出海到安南大洞山采药，但经过几个月都不见他回来。叔父的病好了以后，便到安南大洞山去找朋大海并了解缘由。但据当地的人说，大海在采药时不幸被白蟒吃掉了。大海的父母和父老乡亲也都非常悲痛，大家为了纪念他便将青果改称"朋大海"，又由于大海生前较胖，人们就叫这种青果为"胖大海"。

Scaphium wallichii Schott et Endl.　胖大海　**55**

腊肠树
Cassia fistula L.

扫描二维码
了解更多

一 植物档案

　　腊肠树别称阿勃勒、波斯皂荚、长果子树，为豆科腊肠树属乔木。荚果圆柱形，长 30 ～ 60 厘米，成熟时黑褐色，好似一根根挂在树枝上的腊肠。初夏时满树金黄色花，花序随风摇曳、花瓣随风如雨落，所以又名"黄金雨"。腊肠树是泰国的国花，当地称之为"Dok Khuen"，其黄色的花瓣象征泰国皇室。另外，腊肠树亦是印度南部喀拉拉邦的"省花"，当地称为"Kanikkonna"，是当地新年（Vishu）典礼用的花卉。在我国，腊肠树主要在傣族、维吾尔族与藏族地区使用，其果实是这些地区的常用药材，用于通便与抗菌。

Cassia fistula L. 腊肠树

《证类本草》中记载了腊肠树的药用功效：味苦，大寒，无毒。主心膈间热风，心黄，骨蒸寒热，杀三虫。生佛逝国，似皂荚圆长，味甜好吃，一名婆罗门皂荚也。在我国还有专门描写腊肠树的歌谣，歌谣写道："阿婆阿婆去散步，摇摇晃晃走不快，路边树下稍歇息，喘口气来喝口水；风吹落下黄金雨，仿佛置身于仙境，忽见地上黑棍棒，阿婆捡来当拐杖，乐得阿婆笑哈哈！阿婆乐呀阿婆乐！"

Cassia fistula L. 腊肠树

桂叶黄梅

Ochna thomasiana Engl. et Gilg

扫描二维码
了解更多

一 植物档案

　　桂叶黄梅别称米老鼠树、鼠眼木，为金莲木科金莲木属常绿灌木。花期夏至秋季，花冠鲜黄色，果期秋至初冬。原产于热带非洲，世界热带地区多有栽培，我国海南、广东、广西等省（自治区）有栽培。桂叶黄梅的皮可治疗消化系统疾病，根可以驱蚊杀虫，树叶和树枝含有多种黄酮类化合物，常作为观赏植物和药用植物栽培。

二 植物有故事

　　桂叶黄梅盛开时花团锦簇，被赋予好运与财富的寓意。桂叶黄梅的奇特在于，花冠鲜黄色，而雄蕊和花萼片不脱落，在花期后，花瓣凋零，花萼宿存膨大，呈鲜红色，果实附着在花萼上，环列于花托的小果由绿转乌黑，成熟后显蓝紫色，酷似卡通米老鼠的头部，惟妙惟肖，活灵活现，因而现在人们大多叫它米老鼠树。米老鼠树，如此玲珑可爱的花木，如此神奇的精灵，是大自然的杰作，更是人的审美情趣和自然相互融合的奇特现象，让我们不得不对造物主的鬼斧神工叹为观止。据说，在越南，这种树被认为是可以避邪的，所以每到中元节前后（指农历7月），很多越南新娘会在家里摆一棵米老鼠树。

中国无忧花
Saraca dives Pierre

扫描二维码
了解更多

一 植物档案

　　中国无忧花别称无忧花、无忧树、袈裟树，为豆科无忧花属乔木。叶为偶数复叶，有小叶 5 ～ 6 对，嫩叶略带紫红色，下垂，细看宛如一件被雨打湿的紫色袈裟；花序腋生，较大，花黄色，盛开时如火炬般的金色花序覆盖近整个树冠，远眺仿佛一座金色的宝塔；荚果扁长圆形，长 22 ～ 30 厘米；花期 4—5 月，果期 7—10 月。产于我国云南、广西、海南等地，越南、老挝等国也有分布。普遍生于海拔 200 ～ 1 000 米的密林或疏林中，常见于河流或溪谷两旁。本种是一优良的紫胶虫寄主；树皮入药，可治风湿和月经过多；花大而美丽，是优良观赏树种。

二 植物有故事

　　无忧树具有悠久而丰富的文化内涵，梵文音译为阿叔迦树。《释迦牟尼佛传》记载，2 500多年前，在古印度的西北部，有一个迦毗罗卫国，临近生产的王后在回娘家途中经过蓝毗尼花园后不久，在一棵正长得蓊郁葱茏的无忧树下诞下了王子，这位王子即此后的一代圣人——佛祖释迦牟尼。因此，佛教视无忧花树为一种圣树，广植于寺院中。人们相信此树能消除悲伤，只要坐在无忧树下，就能忘记一切烦恼，变得无忧无愁。

马钱子

Strychnos nux—vomica L.

扫描二维码
了解更多

一 植物档案

马钱子别称印度马钱、番木鳖、苦实，为马钱科马钱属常绿乔木。其植株高5～25米，产于印度，喜热带湿润性气候，怕霜冻，在石灰质壤土或微酸性黏壤土中生长较好，常生长于深山老林中。我国台湾、广西、福建、广东、海南、云南等地有引种栽培。马钱子种子极毒，主要含有马钱子碱和番木鳖碱等多种生物碱。中医以种子炮制后入药，性寒，味苦，有通络散结，消肿止痛之效，用于治疗风湿痹痛、肌肤麻木、肢体瘫痪、跌打损伤、骨折肿痛、痈疽疮毒、喉痹、牙痛、顽癣、恶性肿瘤等。西医用种子提取物，作中枢神经兴奋剂。木材灰白色，结构坚硬致密，可作车辆及农具用料。

植物有故事

　　五代南唐最后一个皇帝李煜，世称"李后主"。公元 975 年，李后主被俘降宋，囚禁中，他常思念宫阙，回忆往事。在一个中秋之夜，他仰望空中明月，触景生情，勾起了心头的亡国之恨，提笔写下了：春花秋月何时了，往事知多少？小楼昨夜又东风，故国不堪回首月明中！雕栏玉砌应犹在，只是朱颜改。问君能有几多愁？恰似一江春水向东流。这首词让宋太宗赵光义大为恼火，认为他想要复辟，于是赐给他"马钱子"，让其自行了断。

泰国大风子

Hydnocarpus anthelminthicus
Pierre ex Laness.

扫描二维码
了解更多

一　植物档案

　　泰国大风子别称大风子、麻风子、驱虫大风子，为青钟麻科大风子属常绿大乔木。花单性，雌雄异株，浆果球形，直径 8 ～ 12 厘米；花期 9 月，果期 11 月至翌年 6 月。产于印度、泰国、越南，我国海南、广西、云南等地均有栽培。其木材供建筑、家具等用；种仁、根及树皮可入药，用于麻风病、疥癣防治。此外，泰国大风子也是优良的树种，多用于庭园行道绿化。

二 植物有故事

　　大风子,因其擅治麻风病,又名"麻风子"。我国很早就用大风子治麻风病。历史上药用大风子主要有泰国大风子和海南大风子。孟夏,走进滇南文山麻风寨,只见一株株伟岸的常绿乔木傲然挺立,果实缀满枝梢,这就是著名的南药——大风子。大风子攻毒祛风,为治麻风之要药。据载,唐代医家孙思邈就曾治疗过多达 600 名麻风患者,他为了向来自印度的僧人学习医学知识,甚至将患有麻风病的僧人接到自己家中居住,边给他治疗,边向他学习。

号角树
Cecropia peltata L.

扫描二维码
了解更多

一 植物档案

号角树别称蚁栖树、聚蚁树，为荨麻科号角树属常绿乔木。号角树中经常有毒蚂蚁居住在其中空的树干中，是一种典型的蚁栖树；植株生长迅速，气生根非常奇特且发达；叶盾形，掌状，9 ~ 11 裂；雌雄异株，花序腋生，果实棒状。产于巴西、哥斯达黎加、墨西哥等地，我国海南、广东、福建等地有引种。嫩叶可消炎解毒；亦可作园林观赏树种。

二 植物有故事

号角树，听名字，似乎是一种能发出声音的树。其实不然，这种树并不能自己发出声音，但它的树干和枝条都是中空的。砍下来加工一下，确实可以制成号角一般的乐器。作为蚁栖植物，号角树不仅与蚂蚁有着奇特的"共生关系"，短棍棒状的果实也让人啧啧称奇。号角树在热带地区的适应性很强，只要给其充足的阳光和雨露，它们就能快速生长，再加上有聚集蚂蚁保护自己的能力，所以当号角树到达一个陌生地方后，它就能利用自身优势快速生长，因此也常被列为入侵植物。

Cecropia peltata L. 号角树 69

菩提树

Ficus religiosa L.

扫描二维码
了解更多

一 植物档案

　　菩提树别称觉树、思维树、毕钵罗树，为桑科榕属大乔木。叶革质，三角状卵形，基生叶三出脉；叶柄纤细，榕果球形至扁球形。菩提树野生分布于喜马拉雅山区等地，我国海南、广东、广西、云南等省（自治区）有栽培。菩提树对二氧化硫、氯气、氢氟酸均有一定的抗性，适宜作污染区的绿化树种，同时它树型高大，枝繁叶茂，冠幅广展，优雅美观，是优良的观赏树种。菩提树枝干上流出的乳状液汁，可提出硬性橡胶，枝叶可作牲畜的饲料。菩提树是治疗哮喘、糖尿病、腹泻、癫痫、胃部疾病等的传统中药。另外，菩提树对癌症、心血管疾病、神经炎性疾病、寄生虫感染等都有一定的辅助治疗的效果。

二 植物有故事

　　传说在 2 500 多年前，佛祖释迦牟尼当时还是古印度北部迦毗罗卫国的王子乔达摩·悉达多。他为了摆脱生老病死轮回之苦，解救受苦受难的众生，毅然放弃继承王位和舒适的王族生活，出家修行，去寻求人生的真谛。经过多年修行，有一次他在菩提树下静坐了 7 天 7 夜，战胜了各种诱惑，终于大彻大悟。但按照印度教的说法，菩提树是印度教三大主神之一毗湿奴的一种化身。印度教还认为菩提树是神仙们居住的地方。

见血封喉

Antiaris toxicaria Lesch.

扫描二维码
了解更多

 植物档案

见血封喉别称药树、箭毒木，为桑科见血封喉属高大乔木。产于我国海南、广东、广西、云南等地，斯里兰卡、印度、缅甸等国也有分布，是一种剧毒植物和药用植物，乳白色汁液含有剧毒，一经接触人畜伤口，即可使中毒者心脏停搏（心律失常导致），血管封闭，血液凝固，以至窒息死亡，所以人们称它为"见血封喉"。见血封喉树皮富含细长柔韧的纤维，少数民族常巧妙地利用它制作褥垫、衣服或筒裙。

Antiaris toxicaria Lesch. 见血封喉

73

二 植物有故事

　　传说在云南西双版纳最早发现见血封喉树的汁液含有剧毒的是一位傣族猎人。有一次，这位猎人在狩猎时被一只硕大的狗熊紧逼而被迫爬上一棵大树，可狗熊仍不放过他，紧追不舍。在走投无路、生死存亡的紧要关头，这位猎人急中生智，折断一根树枝刺向正往树上爬的狗熊，奇迹发生了，狗熊立即落地而死。从那以后，西双版纳的猎人就都学会了把见血封喉树的汁液涂于箭头用于狩猎。

　　据说在古代，人们就已经用见血封喉树汁处理过的毒箭狩猎，被射中的猎物有"七上八下九不活"之称，意为凡被毒箭射中的野兽，上坡的跑七步，下坡的跑八步，平路的跑九步就必死无疑，足见其毒性之烈。因此，见血封喉树获得了"箭毒木"的别名。它虽说有剧毒，但也有药用价值，中医认为，见血封喉树汁有大毒，在药理上具有强心、加速心律、增加心血输出的作用，因此在医学上有研究和开发价值。

Antiaris toxicaria Lesch. 见血封喉 **75**

白兰

Michelia × alba DC.

扫描二维码
了解更多

一 植物档案

　　白兰别称白玉兰、白兰花、白缅花，为木兰科含笑属常绿乔木。原产于印度尼西亚爪哇，现广植于东南亚。我国海南、福建、广东、广西、云南等省（自治区）栽培极盛，长江流域各省区多盆栽，常在温室条件下越冬。白兰花洁白无瑕、花香浓郁，4—9月盛开，花期较长，叶色四季常绿，是南方园林的优异观赏树种，常作行道树。其花、叶、根均可入药，具芳香化湿、利尿、止咳化痰等功效；花也可提取香精或熏茶，鲜叶可提取香油，称"白兰叶油"，可供调配香精。

二 植物有故事

　　在我国西双版纳以及东南亚一些国家，人们信奉南传佛教，寺院里常种植有"五树六花"，而白兰花便是"六花"之一。白兰花为我国著名香花，在古代便有众多对其赞颂的诗句，诗人施宜生曰："百步清香透玉肌，满堂和气自心和。襄帷跋客相迎处，射雉春风得意时。"杨万里曰："熏风破晓碧莲苔，花意犹低白玉颜。一粲不曾容易发，清香何自遍人间。"邓润甫曰："自有嫣然态，风前欲笑人，涓涓朝泣露，盎盎夜生春。"此外，白兰花还代表着真挚纯洁的爱。

Michelia × alba DC. 白兰

蓝花楹
Jacaranda mimosifolia D. Don

扫描二维码
了解更多

一 植物档案

　　蓝花楹别称巴西红木、含羞草叶楹、蓝雾树，为紫葳科蓝花楹属落叶乔木。其植株高达 15 米，叶对生，小叶椭圆状披针形至椭圆状菱形，长 6～12 毫米，宽 2～7 毫米，花蓝色，花序长达 30 厘米。花期 5—6 月。原产于南美洲，我国广东、海南、广西、福建、云南有引种栽培。喜阳光充足、温暖、多湿气候。蓝花楹是一种美丽的观叶、观花树种。另外，其木质较软，也是制作木雕工艺品的好材料，已被列入《世界自然保护联盟濒危物种红色名录》。

二 植物有故事

　　蓝花楹随着园艺交流被引种到世界各热带亚热带地区，在我国华南、西南等地常作观景树。冷色系的蓝花楹因其高颜值"圈粉"无数。南非的比勒陀利亚有"蓝花楹之城"的美誉。在澳洲，蓝花楹开放的季节正是圣诞节前，所以有一首歌赞美它："When the bloom of the Jacaranda tree is here, Christmas time is near...（当蓝花楹盛开的时候，圣诞节就要到了）"。

Jacaranda mimosifolia D. Don　蓝花楹　79

柠檬桉

Eucalyptus citriodora Hook. f.

扫描二维码
了解更多

一 植物档案

柠檬桉别称白树、油桉树、柠檬香桉树，为桃金娘科桉属大乔木。树干挺直；树皮光滑，灰白色，大片状脱落；成熟叶片狭披针形，揉之有浓厚的柠檬气味；花期4—9月。产于澳大利亚东部及东北部无霜冻的海岸地带，我国的华南及西南都有栽种。常用作风景树，孤植、列植、群植观赏性均很强；木材纹理较直，易加工，耐海水浸，是造船的好材料；叶可蒸提桉油，供香料用。

Eucalyptus citriodora Hook. f.　柠檬桉　**81**

柠檬桉高大挺拔，是桃金娘科的一种高大乔木，其树皮常会大片脱落，因此我们看到的柠檬桉树干基本都是光滑的。柠檬桉因为树皮的这种特性，又被称为"白桉"，它还有一个"林中仙女"的美称。柠檬桉原产澳大利亚，引进我国已有 70 多年的历史，现在我国的华南及西南都有种植。柠檬桉的叶片有强烈的柠檬味，可用来提炼香油，制造香皂。又因其柠檬味非常浓烈，令蚊子、苍蝇等不敢接近。

中央级公益性科研院所基本科研业务费专项（项目名称：特色热带植物创新文化研究，项目编号：1630012022015）和国家大宗蔬菜产业技术体系花卉海口综合试验站专项资金（CARS-23-G60）资助